Imprint:

Copyright © 2017 GRIN Verlag
Print and binding: Books on Demand GmbH, Norderstedt Germany
ISBN: 9783668647114

This book at GRIN:

https://www.grin.com/document/384579

Sage Ngoie, Dina Kon, Adalbert Mbuyu

Impact des dimensions des chambres souterraines sur la securite des mineurs et du materiel

GRIN Verlag

IMPACT DES DIMENSIONS DES CHAMBRES SOUTERRAINES SUR LA SECURITE DES MINEURS ET DU MATERIEL

Par:

- *Sage Ngoie,*
- *Dina Kon*
- *Adalbert Mbuyu*

Université de Kolwezi

7/7/2017

TABLE DES MATIERES

1. INTRODUCTION

Une bonne marche des exploitations minières tient compte de la stabilité du terrain. Celle des excavations est la condition sine qua non de la sécurité du personnel et du matériel. Le rôle principal du soutènement est d'assurer la sécurité des excavations dans les géomatériaux.

L'exploitation des mines souterraines s'accompagne souvent de nombreux problèmes relatifs au maintien de la stabilité. Pour résoudre ces derniers, plusieurs techniques ont été élaborées, en vue de prévoir et de porter remède aux dangers et risques causés par ces travaux d'excavation.

La recherche et l'extraction des substances minérales implique une connaissance et une observation des certains paramètres.

En effet, une exploitation non ordonnée peut provoquer inévitablement des difficultés dans la suite des travaux de tout un niveau de la mine (Sage Ng., 2009)

Dans le projet d'élargissement des chambres telle la GL2 de la mine souterraine de KAMOTO, nous avons entrepris de faire des études géomécaniques et géostructurales en vue de contrôler la stabilité de l'excavation.

Sur le terrain nous nous sommes employés à faire l'identification des formations géologiques, l'appréhension des éléments structuraux et leur repérage géométrique.

L'instabilité peut être causée par les discontinuités structurales. Ces dernières constituent des surfaces de moindre résistance. Leur orientation, leur longueur, leur remplissage, leur espacement, etc. sont à la base de l'instabilité des masses rocheuses. La présence des vides dans un massif rocheux, en dehors des caractéristiques géostructurale et géomécaniques de terrain, peuvent perturber son état d'équilibre et provoquer des instabilités.

Ainsi dans une mine souterraine, la stabilité d'une chambre en exploitation dépend intensément de sa forme et de ses dimensions. Cet article, où il est question d'apprécier l'impact des dimensions des chambres souterraines (cas de la GL2 et GL3) de la mine souterraine de Kamoto s'appuiera sur la méthode des graphes de stabilité.

2. PRESENTATION DE SITE ET DE L'OUVRAGE

La mine de Kamoto se trouve à l'Ouest du centre de la ville de Kolwezi dans le Katanga méridional. Elle reprend un gisement dont l'exploitation a commencé en mine à ciel ouvert (carrière de Musonoi). Le carreau de la mine est situé à 1445 mètres d'altitude considérée comme niveau zéro, en profondeur. Les premiers travaux préparatoires et de fonçage des puits ont commencé en 1955. Quant à l'extraction proprement dite du minerai, elle n'a débuté que cinq ans après, c'est-à-dire en 1964.

La mine est constituée principalement des galeries (drift) creusées du Nord au Sud et des *refentes*, ouvrages reliant les galeries d'un même niveau. Les ouvrages de jonction de deux niveaux différents sont appelés *rampes.* Il y a un *chassage au toit supérieur* (CTS) et un autre au *toit inférieur* (CTI) qui ont la même configuration que les drifts en plateure. Les ouvrages recoupant ces chassages sont appelés *tranches.* On note aussi la présence de petits ouvrages tels que les cheminés, les tenues, etc. (figure 1)

Sur le plan géologique, le gisement de Kamoto compte deux écailles principales, à savoir :

- Kamoto principal ;
- Kamoto étang.

- 3. CONTEXTE GEOSTRUCTURALE

La création des excavations pendant l'exploitation d'une mine souterraine entraîne de nouveaux systèmes d'équilibre et de nouveaux états d'équilibre. Si ces derniers ne sont pas contrôlés ou suivis, des catastrophes peuvent se produire, d'où la permanence d'une étude géomécanique et géostructurale sur la stabilité des ouvrages miniers.

L'analyse structurale d'une région ou d'un gisement donné peut être faite sur base de trois échelles, à savoir :

- A l'échelle de la lame mince ;
- A l'échelle de l'affleurement ;
- A l'échelle de kilométrique.

Dans le cadre de cet article, les observations ont été faites à l'échelle de l'affleurement.

L'objectif principal défini dans le cadre de ce point est de tenter de ressortir les principaux réseaux de fractures pour en déduire leurs angles avec les interfaces (voûtes, piédroits et radiers)

3.1. REPERAGE GEOMETRIQUE DES DISCONTINUITES

Le repérage géométrique est une opération qui consiste en la détermination des directions et pendages des discontinuités. A cette étape, il a été question d'user de la règle de la main droite, laquelle règle consiste à faire la lecture de la direction avec le pouce au moment où les quatre autres doigts indiquent le sens du pendage (tableau 1)

Tableau 1 : Lever structural des plans des discontinuités fait dans la chambre GL2

N°	Direction	Pendage	N°	Direction	Pendage	N°	Direction	Pendage
1	345	63	33	80	80	65	32	40
2	335	6	34	315	86	66	70	67
3	160	80	35	185	80	67	119	35
4	75	66	36	84	80	68	249	45
5	149	76	37	155	70	69	285	40
6	185	75	38	145	85	70	80	80
7	105	73	39	13	60	71	138	45
8	72	72	40	290	85	72	259	80
9	295	74	41	270	85	73	81	59
10	90	75	42	105	78	74	5	70
11	197	81	43	90	65	75	300	38
12	150	81	44	304	60	76	15	60
13	247	51	45	88	75	77	205	65
14	280	84	46	95	86	78	185	55
15	120	55	47	192	70	79	50	67
16	148	84	48	262	87	80	95	61
17	140	70	49	180	70	81	50	68
18	54	54	50	230	55	82	95	60
19	135	85	51	35	45	83	105	60
20	241	66	52	313	85	84	229	65
21	247	77	53	190	85	85	160	35
22	245	70	54	283	80	86	338	80
23	305	60	55	55	84	87	22	84
24	260	84	56	267	65	88	145	54
25	270	89	57	230	85	89	20	75
26	280	80	58	234	84			
27	180	80	59	30	41			
28	300	55	60	62	84			
29	115	76	61	245	80			
30	17	59	62	225	75			
31	45	83	63	145	54			
32	73	70	64	22	84			

3.2. TRAITEMENT STATISTIQUE DES DONNÉES

Une présentation statistique de toutes les données de la chambre est fournie par le tableau ci-après (tableau 2), ainsi que la rosace de fréquence correspondante (Figure 2).

Tableau 2 : Fréquences des différentes directions des plans des discontinuités de la chambre GL2

Classes	Effectifs(Ni)	Ni/n (%)
[0 – 20 [	4	4.49438
[20 – 40 [	6	6.74157
[40 – 60 [	5	5.61798
[60 – 80 [	5	5.61798
[80 – 100 [	10	11.23596
[100 – 120 [	5	5.61798
[120 – 140 [	2	2.24719
[140 – 160 [	8	8.98876
[160 – 180 [	2	2.24719
[180 – 200 [	1	1.1236
[200 – 220 [	5	5.61798
[220 – 240 [	6	6.74157
[240 – 260 [	7	7.86517
[260 – 280 [	6	6.74157
[280 – 300 [	6	6.74157
[300 – 320 [	2	2.24719
[320 – 340 [	1	1.1236
Total (n)	89	100%

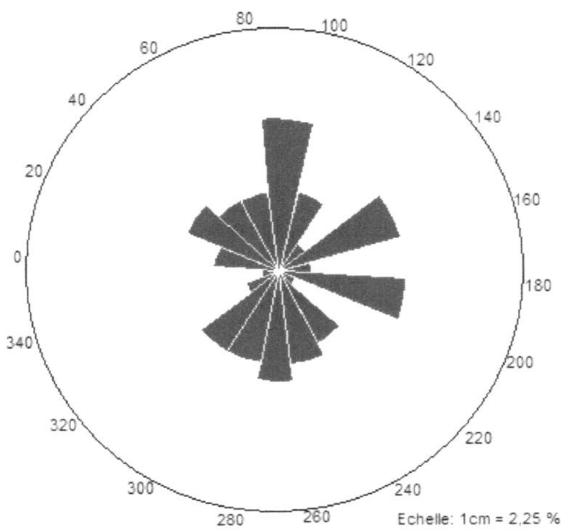

Figure 1 : Rosace de fréquences des discontinuités

3.3. INTERPRÉTATION DES RÉSULTATS

En examinant la rosace des fréquences des discontinuités, il est possible de distinguer une famille principale et des accessoires.

La première famille comporte des discontinuités de direction N 90° E et représente 11,2% sur les mesures prises sur terrain. Quant à la deuxième, elle est de direction N150°E.

Avec cette méthode de la main droite il est possible de voir sur la rosace, l'orientation du front de la chambre lors d'une excavation.

Dans ce cas précis, la direction de la ligne de plus grande pente du front de la chambre doit être N 170° E ou N 350° E.

4. IMPACT DES DIMENSIONS DES CHAMBRES SUR LA SECURITE

Les excavations dans les roches sont des ouvrages à soutènement complexes à dimensionner. Les outils analytiques et numériques à la disposition du concepteur ne permettent de cerner que partiellement tous les phénomènes en peu. Il lui faut également faire appel à son expérience pratique (Hoek et Brown, 1980).

Ainsi, si le géotechnicien a supervisé la construction d'un ouvrage souterrain dans les conditions analogues, son choix de soutènement pourra être envisagé avec un certain degré de confiance, cependant lorsqu'une telle expérience lui manque, quel critère va-t-il utiliser pour apprécier si ces décisions sont raisonnables ? Comment peut-on juger que le nombre de boulons spécifiés est correct. Que la longueur non soutenue n'est pas importante.

La solution réside dans les systèmes de classification qui permettent de relier les conditions rencontrées sur un site aux conditions et expertises connues en d'autres endroits. Des outils empiriques de classification tels que RMR et Q on été développe à partir d'une base de donné principalement de tunnel galeries et chambres en génie civil à une profondeur inestimable à l'ingénieur de perçage de tunnel.

La classification RMR (BIENIAWSKI ; 1993 ; 1998) tient compte de la modification de conception basée sur de temps réduits pour l'exploitation tandisque la classification Q (Barton, 1974) essaye d'inclure des applications d'exploitation par l'utilisation du rapport équivalent du soutènement. La méthode de graphe de stabilité est employée pour dimensionner chaque interface à partir du rayon hydraulique (H.R) et du nombre de stabilité modifié (N').

4.1. LE RAYON HYDRAULIQUE (HR)

Avant de recourir aux graphes de stabilité, il est nécessaire de comprendre la nature du rayon hydraulique. Le rayon hydraulique est calculé en divisant la surface d'une interface par le périmètre de celle-ci.

La plupart des systèmes de classifications (RMR par exemple) définissent la stabilité et le choix de soutènement de différentes zones en ce qui concerne une valeur simple d'envergure. La méthode est dérivée des bases données de perçage d'une chambre dans laquelle on peut assumer que la longue envergure est infinie et donne même la dimension critique.

4.2. LE NOMBRE DE STABILITÉ MODIFIÉ (N')

La classification des masses rocheuses et le problème d'excavation sont accomplis dans la méthode de graphe de stabilité par l'utilisation du nombre de stabilité modifie N'. Le nombre de stabilité modifie (N') est initialement basé sur Q'.

Le nombre de stabilité modifié N' :

$N' = Q' \times A \times B \times C$

Là où :

A Est une mesure de réduction de contrainte de la roche intacte ;

B Est une mesure de l'orientation relative des couches dominant en ce qui concerne la surface d'excavation ;

Les couches qui forment un angle oblique peut profond sont susceptibles de devenir instables (c'est-à-dire pour glisser ou se séparer)

Il faut noter que les couches qui sont perpendiculaires à la face ont la moindre influence sur la stabilité ;

C'est une mesure de l'influence de la pesanteur sur la stabilité de la face considérée.

4.3. DÉTERMINATION DES PARAMÈTRES UTILISÉS

4.3.1. Rayon hydraulique (HR)

Les dimensions de la chambre sont :

Longueur (L)= 90 m

Largeur   (l) = 10 m

Hauteur (H)= 15 m

A partir de ces parametres, on a pu ainsi calculer ce qui suit :

- Le rayon hydraulique de la voûte : HR = 4.5 m
- Le rayon hydraulique des interfaces : HR = 6.4 m

4.3.2. Nombre de stabilité modifié (N')

Le nombre de stabilité modifié N' de la voûte est égal à celui des interfaces.

$N' = Q' \times A \times B \times C$

4.3.3. Détermination du facteur Q' :

Les différentes valeurs retenues des facteurs entrant en compte dans la détermination de Q' sont :

$RQD = 69,3\%$

$Jn = 6$

$Jr = 3$

$Ja = 0,75$

$Q' = 46,2$

4.3.4. Détermination du facteur A:

Graphique 4.1.Rock stress Factor

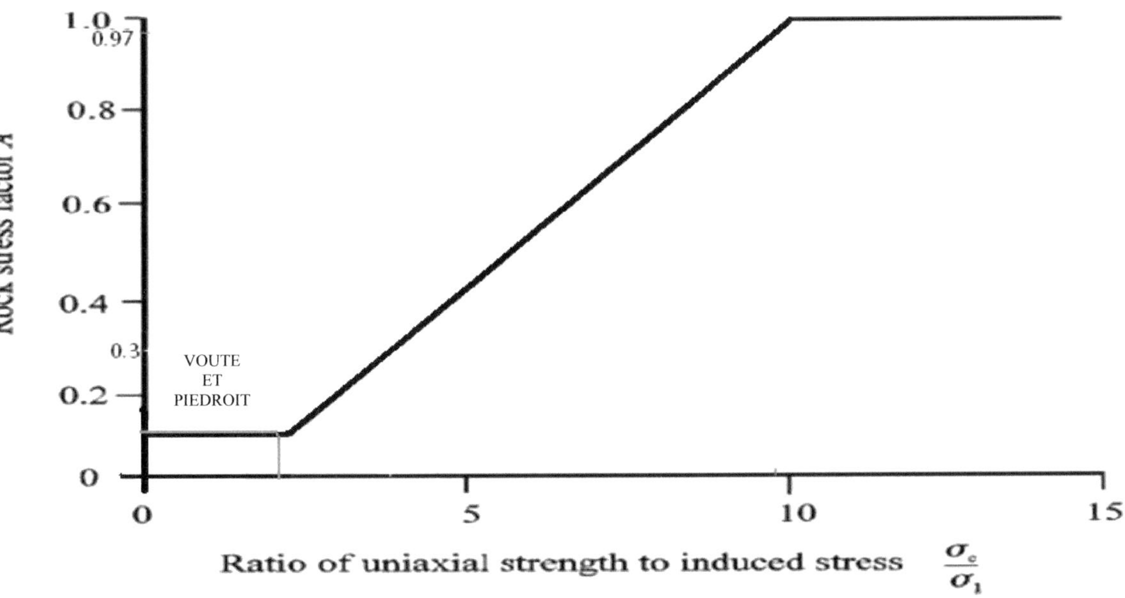

INTERFACE	FACTEUR A
VOUTE	**0,1**
PIÉDROIT	**0,1**

4.3.5. Détermination du facteur B :

La plateure qui couvre notre secteur d'étude est formée par des couches subhorizontales ayant un pendage variant de 27,5° vers le Nord- Est et 62,5° avec les interfaces.

Graphiques 4.2.joint orientation adjustment ratio

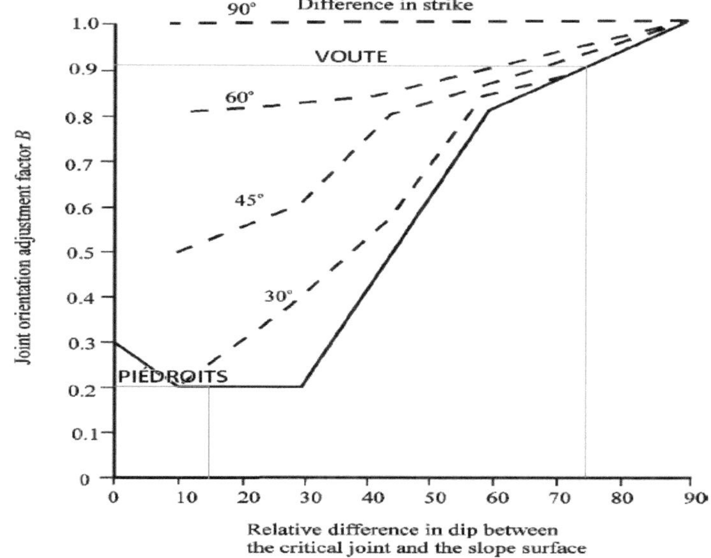

INTERFACE	FACTEUR B
VOUTE	0.91
PIÉDROIT	0.2

4.3.6. Détermination du facteur c :

Les interfaces étant verticales, l'angle qu'elles font avec les couches est de 75°.

Graphe 4.3. : Gravity adjustment Factor

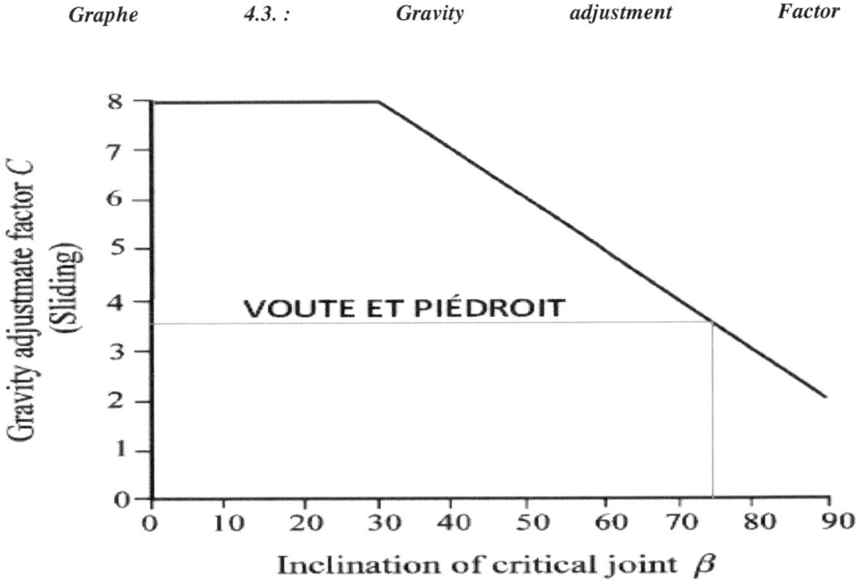

INTERFACE	FACTEUR C
VOUTE	0.35
PIÉDROIT	0.35

En résumé on a :

INTERFACE	Q'	A	B	C	N'
VOUTE	46.2	0.97	0.91	0.35	14.2
PIEDROIT	46.2	0.3	0.2	0.35	0.97

Et les valeurs de HR et N' sont reprises dans la tableau ci-dessous :

INTERFACE	HR	N'
VOUTE	4.5 m	14.2
PIÉDROIT	6.4 m	0.97

4.4. GRAPHE DE STABILITÉ

Le nombre de stabilité modifié N' et le rayon hydraulique HR calculés pour l'excavation sont plotés sur le graphe de stabilité représentant trois zones différentes qui sont la zone stable, la zone de transition et la zone instable.

Graphe 4.3. : Graphe de stabilité

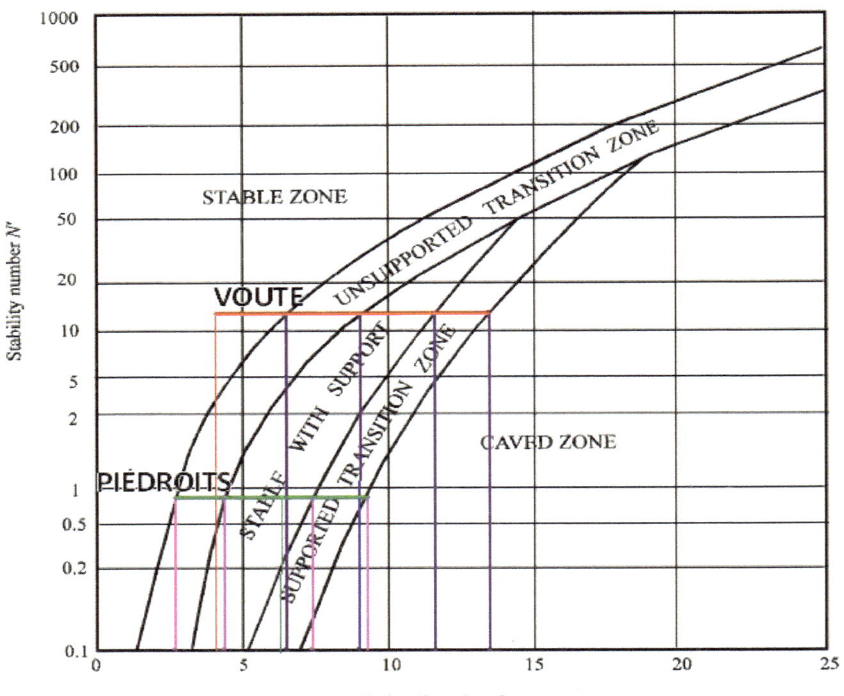

A partir de ce graphe, l'on voit que la voute es stable alors que les piédroits sont susceptibles de voir leurs blocs glisser alors pour que la stabilité puisse être garantie, les caractéristiques reprises dans le tableau ci-dessus s'imposent :

Interface	Stable	Métastable sans soutènement	Stable avec soutènement	Métastable avec soutènement	Instable
Voûte	0.0 - 6.7	6.7 – 8.9	8.9 – 11.2	11.2 – 14.3	14.3 - infini
Piédroits	0.0 – 2.8	2.8 – 4.9	4.9 – 7.5	7.5 – 9.2	9.2 - infini

4.5. DENSITÉ DES BOULONS.

Nous savons que :

INTEFACE	RQD (%)	Jn	HR	$\dfrac{RQD/Jn}{\text{Hydraulic radius S (m)}}$
VOUTE	4.62	6	4.5	1.7
PIÉDROITS	46.2	6	6.4	1.2

Alors, par le graphique ci – dessous, on trouve la densité et l'espacement des boulons repris dans le tableau qui le suit.

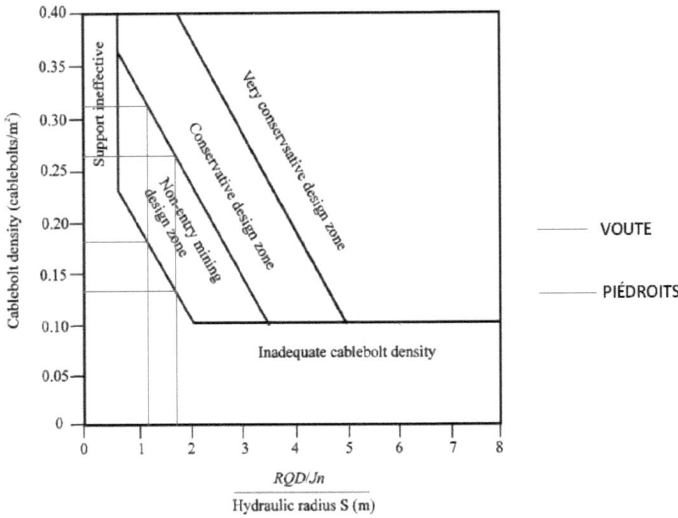

INTEFACE	DENSITÉ (boulons / m²)	ESPACEMENT (m)
VOUTE	0.13 – 0.27	1.9 – 2.7
PIÉDROITS	0.18 – 0.32	1.7 – 2.3

4.6. LONGUEUR DES BOULONS.

Graphe 4.6 : la longueur des boulons

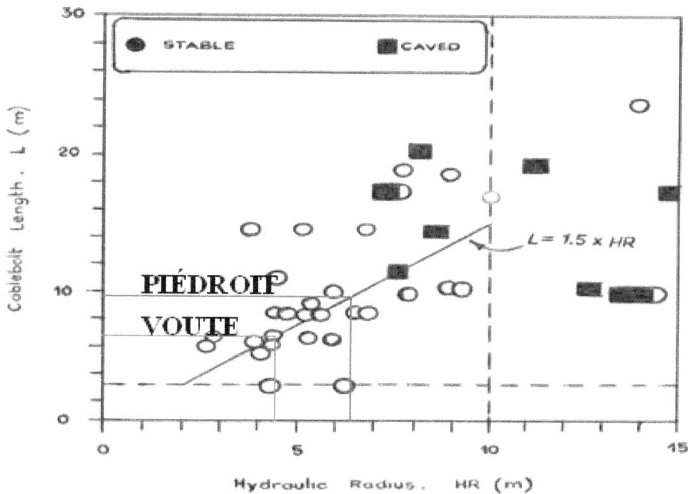

Les différentes gammes des longueurs des boulons à mettre en œuvre sont repertorier dans le tableau ci- dessous.

INTEFACE	LONGUEUR DES BOULONS (m)
VOUTE	6.8
PIÉDROITS	9.2

CONCLUSION

Ce rapport intitulé '' *Impact des dimensions des chambres sur la sécurité des mineurs et du matériels*'' s'est basé essentiellement sur la méthode graphe de stabilité via l'étude géostructurale et géomécanique.

Cependant, a dernière étude (géostructurale) a permis de :
- Mettre en évidence les principaux réseaux de fracturations ;
- Déterminer l'orientation du front de la chambre lors des excavations.

Les caractéristiques géomécaniques ont montré que les roches du niveau 505 de la plateure de Kamoto ont une bonne cohésion et un angle de frottement interne assez élevé. Ceci est du à leur nature lithologique et pétrographique.

Après analyse des différents paramètres qui entrent en compte dans la classification géomécanique des roches, les résultats aboutissent à la classe II, laquelle classe qui représente des bonnes roches suivant la méthode de Bieniawski.

Quant à l'application de la méthode des graphes de stabilité, le coefficient unique obtenu par la classification de Barton ou de Bieniawski est à utiliser avec la plus grande prudence. Cette méthode nécessite une très bonne connaissance du milieu rocheux et un jugement critique sur les résultats. Cette méthode ne peut être utilisée que dans les terrains ou les discontinuités sont à l'origine des instabilités.

Afin d'éviter l'irréversibilité du comportement du massif le boulonnage doit se faire dans toute les zones suivant une proportion bien déterminée.

C'est ainsi qu'il a été trouvé que pour assurer la stabilité de la chambre, et par ricochet, la sécurité des mineurs et du matériels, la densité des boulons des interfaces doit être comprises dans la gamme allant de 0.13 et 0.32 par mètre carré pour un comportement élasto-plastique soit un espacement des boulons de 1.7 à 2.7 m.

La pose des boulons non performants peu toutefois induire à des faux résultats. Les boulons doivent couvrir pleinement la surface d'excavation moyennant un maillage bien déterminé.

Les observations pratiques suggèrent que la principale zone d'incertitude dans l'usage de la méthode s'appuie sur la densité de boulons dans la masse rocheuse.

La longueur des boulons à utiliser varie de 6.7 à 9.5 m et sur le marché, une telle longueur est disponible dans la gamme des tirants d'ancrage.

Il convient de retenir que les interfaces sont stables avec soutènement pour des rayons hydrauliques de 8.9 pour la voute et 4.9 pour les piédroits

Eu égard à ce qui précède, il est conseillé de prendre le minerai et remblayer immédiatement ces excavations par la suite afin de garantir la stabilité et par voie de conséquences, celle de la mine, du matériels ainsi que des mineurs.

BIBLIOGRAPHIE

- BAROUDI H. (1988). Choix du soutènement en galerie à l'aide des classifications des massifs. Séminaire sur le boulonnage et le renforcement des terrains, Nancy, P. 41.
- BARTHOLOME P. (1974). On the diagnostic Formation of ores in sedimentary Beds, with special Reference to Kamoto, Katanga, Congo cent soc. Geol. Bel. Gis. Strat. Et Prov. Cuprifères, Liège.
- BARTON, N. LIENR et LUNDE J. (1974). Engineering classification of rock mass for design of tunnel – Rock Mechanics. Vol 6, n°4, p.189.
- BIENIAWSKI Z.T. (1973). Engineering classification of jointe of rock masses-Trans. S. Afr. Inst. Civ. Engrs, vol 19, n°12.
- BIENIAWSKI Z.T. (1979). The geomecanics classifications in rock engineering applications. – Proc. 4th inst. Congo Rock Mechanics, Montrevx, vol. 1.
- CAHEN L. (1954). Géologie du Congo Belge.577 p.
- CAILTEUX J. (1977). Particularités stratigraphiques et pétrographiques du faisceau inférieur du groupe de mines au centre de l'arc cuprifère Katangais. Ann. Sco. Géol. Bel.P 55-71.
- CETU (1998). Dossier pilote des tunnels/Génie civil ; conception et dimensionnement Ministère de l'Equipement, des transports et du logement, France.
- CHARMETTON S. (2001). Renforcement des parois d'un tunnel par des boulons expansifs : Retour d'expérience et étude numérique. Thèse de l'école centrale de Lyon.249p.
- CORBETTA F. (1990). Nouvelles méthodes d'études des tunnels profonds – méthode empirique et semi-empirique – Thèse de Doctorat. Ecole nationale supérieure des Mines de Paris.
- FRANCOIS A. (1977). Stratigraphie, Tectonique et Minéralisations dans l'Arc cuprifère du Katanga, Liège.
- HOEK E. (1965). Rock fracture under static stress conditions. Ph. D. thesis, University of Cap town.
- HOEK E. et A. (1993). Support of underground excavations in hard rock. Rotterdam: Balkemp.p 193-207.

- HOEK E. et BROWN ET. (1980). Underground excavations in Rock. The Institution of Mining. London.522p.
- KYALWE ET AL (1991). Age tardi – Ubendien (Protozoaire supérieur) des dômes granitiques de l'arc cuprifère Congo – zambien.
- LUNDA I. (2003).Contribution à l'étude de stabilité de la carrière de Kamoto – oliveira – virgule (K.O.V.) (Katanga/RDC). Nouvelles approches déterministes. Thèse – géol.233p.
- MENDELSOHN (1961). La géologie du Nord de l'arc cuprifère. Mac Donald – London.
- NGOIE Sage (2009). Calcul des ouvrages linéaires de la mine souterraine de Kamoto à Kolwezi. Mem. Fac. Sc. Dept. Geol.84p.
- P. LUNARDI (1999). Conception et exécution des tunnels d'après des déformations contrôlées dans les roches et dans les sols : Proposition d'une nouvelle approche. Revue Française de géotechnique.
- TALOBRE J.A. (1967). Mécaniques et ses applications, 2ème édition, DUNOP.468p.